地球生命故事



# 生物大灭绝

## 巨齿鲨

[英国] 本·加罗德 著
[美国] 加布里埃尔·乌格托 绘
何文珊 译
苗德岁 审定

译林出版社

**图书在版编目（CIP）数据**

生物大灭绝．巨齿鲨 ／（英）本·加罗德（Ben Garrod）著 ；（美）加布里埃尔·乌格托（Gabriel Ugueto）绘 ；何文珊译．-- 南京 ：译林出版社，2024.9
（地球生命故事）
书名原文：Extinct：Megalodon
ISBN 978-7-5753-0120-6

Ⅰ.①生… Ⅱ.①本… ②加… ③何… Ⅲ.①古动物－青少年读物 Ⅳ.①Q91-49

中国国家版本馆 CIP 数据核字（2024）第083315号



著作权合同登记号　图字：10-2022-465 号

**生物大灭绝：巨齿鲨　［英国］本·加罗德 ／ 著　［美国］加布里埃尔·乌格托 ／ 绘**
**何文珊 ／ 译　苗德岁 ／ 审定**

责任编辑　宋　旸
装帧设计　曹沁雪
校　　对　王　敏
责任印制　单　莉

原文出版　Head of Zeus, 2022
出版发行　译林出版社
地　　址　南京市湖南路 1 号 A 楼
邮　　箱　yilin@yilin.com
网　　址　www.yilin.com
市场热线　025-86633278
排　　版　南京新华丰制版有限公司
印　　刷　南京爱德印刷有限公司
开　　本　718 毫米 ×1000 毫米　1/16
印　　张　8
版　　次　2024 年 9 月第 1 版
印　　次　2024 年 9 月第 1 次印刷
书　　号　ISBN 978-7-5753-0120-6
定　　价　30.00 元

# 我们为什么要了解生物大灭绝？

苗德岁（古生物学家）

“生存还是毁灭？这是个问题。”莎翁名剧《哈姆雷特》中哈姆雷特王子的独白，脍炙人口并历来为人们所传诵。贾平凹在《自在独行》中，也讨论了生与死的命题，并指出：人一生下来就预示着要死，生的过程就是死的过程……不能正确地面对死亡，也绝不会正确地面对活着。

其实，生物界的物种又何尝不是如此呢？正如“地球生命故事·生物大灭绝”这个系列的作者本·加罗德指出的那样：“自从地球上出现生命开始，就有了灭绝，假以足够的时日，所有物种都会灭绝殆尽。”然而，在法国著名博物学家居维叶之前，人们是无法接受生物竟会灭绝这一事实的。连达·芬奇这样的学者都认为，化石是现代生物的遗体。而当布封指出化石所代表的生物形态现在已不复存在时，简直就是捅了马蜂窝！不仅是教会，连其他一些研究化石的学者也不敢相信，创世主岂能让他所创造的完美生物随随便便地就销声匿迹了？这是不可思议的事！

当时的学者们还把在意大利发现的猛犸象化石归为汉尼拔入侵罗马时从非洲带来的大象遗体。他们认为，猛犸象一定还生活在地球上某个人迹罕至的角落里，有待探险家们去发现呢。18 世纪末，尽管居维叶是坚定的“物种不变论”者，但是他通过象化石的解剖学研究，诚实地发表了自己的见解：猛犸象化石不属于任何一种现生象类；不仅现生的非洲象和亚洲象是两个不同的物种，而且欧洲和西伯利亚的猛犸象也不属于现生象类的任何一个物种，而是属于业已灭绝的化石物种。这一发现堪称居维叶一生中最具革命性的科学贡献——它使人们逐步接受了生物灭绝这一事实。

后来，达尔文在《物种起源》中指出：生物之间的亲缘关系可以用一株大树（即“生命之树”）来表示：绿色生芽的小枝代表现存的物种，而往年生出的枝条以及枯萎、折落的枝叶则代表先后灭绝的物种。可惜，这些灭绝的物种的化石，在达尔文时代极少被发现，因而也成为令他颇为头痛的问题之一。但是，他根据生物演化论确信，已灭绝了的生物物种总数大大超过了现生物种的总数。

经过达尔文以来数代古生物学家的努力，到目前为止，我们已经发现了许许多多灭绝生物的化石物种，证实了达尔文的预见的正确性。此外，现代演化生物学的建立和发展，开启了我们认识生物多样性之旅。根据现在科学家初步的估计显示：目前存在于地球上的缤纷多姿的生物多样性，在地球历史上只不过是九牛一毛而已——已经灭绝了的生物物种总数可能占据整个生物多样性在时间与空间上分布的 99%！

换句话说，在地球上生活过的生物物种，99% 以上都已经灭绝了！

正如本系列《利索维斯兽》一册开头的引语所说:“灭绝是规律，存活是意外。”正因如此，本·加罗德写道:“就灭绝而言……它就是我们这个世界的一部分，它在适当的时间，以适当的程度发生，是一件再自然不过的事情，甚至在某种意义上助推了演化。”

在如此众多的化石物种里，作者颇具匠心地选取了八个代表物种。它们分别代表了动物界的一些主要类群，又分布在地球历史（暨生物演化史）上的各个重要阶段，尤其是它们代表了五次（以及可能成为第六或第七次）大灭绝中丧生的物种，同时又都是大名鼎鼎的“明星”化石（除了海南长臂猿之外）。通过这八个物种，作者不但介绍了它们的形态、分类、生态、行为，以及在时间和空间上的分布等，而且介绍了造成五次大灭绝的可能的原因，以及这些大灭绝事件对生物演化的影响。事实上，大灭绝虽然致使当时全球的生物多样性骤减，但又为其后新的生物类群的兴起和发展提供了空间与契机，因而对整个生命演进产生了重大的影响，成为波澜壮阔的生命演化大戏中一个个惊心动魄的华章。

最后，我必须指出，作者选择“海南长臂猿”作为本系列最后一册的主角是颇有深意的。作为一位灵长类研究专家和保育生物学家，本·加罗德在该系列的引言里，从一个独特的视角来表达他撰写这套书的目的:“如果我们有机会拯救一个物种，使之免于灭绝的厄运，那么我们首先就要了解灭绝本身。什么是灭绝？是什么导致了灭绝？当许多物种突然灭绝时，到底发生了什么？我要把灭绝作为一个生物学过程来探索，并探讨为什么它有时对于演化而言具有积极的意义，同时又是自然界里最具破坏性的力量。让我们仔细地观察它，剖析它。”

事实上，作者表面上虽然在写物种的消亡，但实则是充满慈悲情怀地谈论野生生物以至于整个生态环境的保护。尽管生物大灭绝是生物演化中不可或缺的一环，但我们没有任何理由以此来作为我们人类肆意破坏生态环境的遁词！正如他在《海南长臂猿》一书结尾所写的：

> 那么，地球上的生物会有什么样的未来呢？我不知道，我们没有人知道。我只确信现在这个自然世界正面临越来越严重的威胁，而且这个威胁比人类历史上的任何时刻都严重。接下来的若干年将会是非常关键的时刻，地球生命的未来就在我们手里。如果你为有这么多栖息地被破坏而担忧，为有那么多物种濒临灭绝而担忧，那么记住，在这个星球的整个生命史上，从来都没有像现在这样，有那么多人为这些栖息地和物种的生存而奋斗。而你，就是其中一员。

读到这里，我相信没有任何一个读者不会因此而动容！窃以为，这就是这套丛书的“核心内容”（take-home message）。为此，我向这套书的作者、译者和编辑致敬——感谢你们为中国的小读者们做了一套他们读来欲罢不能的、有意义的好书！

我们害怕鲨鱼，鲨鱼加倍害怕我们。

——彼得·本奇利[1]

1 彼得·本奇利，美国知名记者、编剧、作家，小说《大白鲨》的作者。——编注

# 目　录

# 引　言

自从地球上出现生命开始，就有了灭绝，假以足够的时日，终有一天所有物种都会灭绝殆尽。濒临灭绝的物种数量不断增加，我们似乎每天都在听到越来越多这样的悲剧。科学家、保育人士、慈善组织、大学、社区，甚至一些有良知的政府都在与灭绝做斗争，试图拯救一些我们最为珍惜的物种和栖息地。但是，就灭绝而言，难免事与愿违，它就是我们这个世界的一部分，它在适当的时间，以适当的程度发生，是一件再自然不过的事情，甚至在某种意义上助推了演化。

我是一名演化生物学家，这是世界上最棒的工作。我在工作中与我们这个星球上的一些最奇怪、最美丽、最具标志性，并且最令人心碎的濒危动物打交道。我理解物种如何走向灭绝,以及为什么会走向灭绝。尽管如此,当我听到一个物种（任何物种）已经开始走向灭绝，或出现更糟糕的情况，很快将要因为我们而被载入史册时，我仍深感不安。关于物种濒临灭绝、栖息地遭到破坏以及全球气候变化影响的新闻报道源源不断，振聋发聩。然而，我们到底对灭绝有多少了解呢?

如果我们有机会拯救一个物种，使之免于灭绝的厄运，那么我们首先就要了解灭绝本身。什么是灭绝？是什么导致了灭绝？当许多物种突然灭绝时，到底发生了什么？我想把灭绝作为一个生物学过程来探索，并探讨为什么它有时对于演化而言具有积极的意义，有时又是自然界里最具破坏性的力量。让我们仔细地观察它，剖析它。灭绝是一个不可思议的过程,了解它有助于我们更好地认识这个世界,并做出改变。

当一个物种被宣布已灭绝，我们列出或提到它的科学名称时，会在边上标注一个匕首符号“†”。所以，如果你看到一个物种的名字后面有一把小小的匕首，你就知道是为什么了：它已经灭绝了。

在“地球生命故事·生物大灭绝”这个系列里，我写了八个奇妙的物种。从怪诞虫（*Hallucigenia* †）开始，然后是邓氏鱼（*Dunkleosteus* †）和三叶虫（trilobites †），接着是利索维斯兽（*Lisowicia* †）、霸王龙（*Tyrannosaurus rex* †）和巨齿鲨（megalodon †），直到袋狼（thylacine †），最后是海南长臂猿（Hainan gibbon）。所有这些物种中，只有海南长臂猿的学名边上没有小匕首，说明它是其中唯一一个我们还有机会抢救的物种。

本·加罗德教授

# 什么是灭绝？

经常有人问我，恐龙长什么样？为什么它们这么火，这么酷，成了全民偶像？问我的通常是大人，因为大多数孩子早就知道答案了。我回想年幼的时候，是什么令我着迷，让我脑洞大开？记得是我看到了禽龙（*Iguanodon*）、梁龙（*Diplodocus*），当然还有霸王龙的图片（我们现在已经知道那时的图片都画得不太准确），并被它们名字的拼写震撼到了。但是，吸引我的并不只有恐龙。我深深地喜爱会飞的大个子翼龙、海洋里的庞然大物——上龙（*Pliosaurs*），还有灰蒙蒙毛茸茸的猛犸象。

我喜欢在本地的沙滩上寻找菊石和箭石，对异齿龙（*Dimetrodon*）的故事百看不厌，我总是沉浸在关于渡渡鸟的幻想中。可是，这些都不是恐龙，它们只有一个共同之处：都已经从我们的星球上消失了。它们都灭绝了。当我们要搞清楚为什么恐龙会吸引孩子时，我们很容易就会认为，这完全是因为恐龙是从三叠纪到白垩纪末期之间的星球统治者，是非常不可思议的一类动物。但我们并不仅仅因为它们是恐龙而喜爱它们。我们喜爱它们的部分原因是它们已经灭绝了，成了大自然里最大的悬疑故事的一部分。当时发生了什么？它们去哪里了？是什么杀死了它们？当灭绝发生时，留下了一连串引人入胜的问题和线索，既激发了我们的科学好奇心，又燃起了我们的叙事热情。

自从地球上出现第一个生命以来，灭绝就已经存在，这意味着一波又一波的物种已经灭绝。你很难搞清楚有多少物种已经灭绝了。根据科学家的推测，曾经存活过的物种中，已经灭绝的多达 99%。如果你好奇确切数字是多少，那么，如果他们的计算是正确的，这就意味着我们这个星球已经丧失了几乎 50 亿个物种，不可思议吧？

这个数字很难确定，因为在这些灭绝中，有许多要回溯到数百万年（甚至数亿年）前，而那个时候并没有科学家举着相机或手持笔记本，身临其境。这些物种中有许多是我们永远都无法了解的。科学家相信现在可能有 1000 万—1400 万个不同的物种（有的科学家认为这个数字高达 1 万亿），其中只有 120 万个物种被以恰当的科学方法记载和记录下来了，这意味着现在地球上的生命中有大约 90% 是我们尚未认知的。

这就开始有点复杂了。灭绝是自然的，即使我们人类，也终有一天会走向灭绝。这听上去很伤感，但那是因为你是从个人的角度去思考的。记住，我们只是那大约 1400 万个物种中的一个。通常，一个物种在它走向灭绝并最终被载入史册（甚至是史前史册）前，有大约1000万年的时间来演变、觅食、追逐、玩耍，可能还有做作业、造房子，甚至登月。有的物种持续的时间比这长一些，有的则短一些。

灭绝帮助产生了我们现在在全世界看到的丰富而精彩的生物多样性。灭绝是在某个地方、某个时间里自然而然发生的，但这并不意味着我们可以就此袖手旁观，任其发展。通过理解灭绝的过程，我们就能更好地知道何时插手干预（或不干预），更重要的是，有助于避免我们自身卷入一场灾难性的大灭绝。

# 为什么物种会灭绝？

我真的很喜欢吃辣。我非常喜欢辣椒，有时我甚至早餐也吃点辣椒。我知道，这有点怪怪的。我也喜欢种辣椒。我从辣椒中收集种子，尤其是那种又辣又可口的辣椒种子，等它们风干后，在春天播种，希望能长出很多辣椒来。但是，如果我播种 20 粒种子，过了几个星期后可能只长出 10 棵瘦弱的小苗。这不是因为我在种辣椒方面水平太差劲，而是因为并不是每粒种子都是一样的。

这对任何动物、植物或其他生物的成功而言都是至关重要的。如果这些辣椒的每一粒种子都是一模一样的，那它们就是基因克隆体：由于每个个体获得的光照或水分不同，它们略有差异，但是在基因层面上，它们的 DNA 应该是完全相同的。这不是大自然一贯的做法。相反，每个单独的个体都有些微小的差异（即使它们看起来一模一样），并且每个个体的 DNA 组成也有细微差异。正是这微不足道的变异使得物种总是在避免走向灭绝。如果环境突然发生某些变化，使得其中的生物更难以生存，它对每一个个体都会有灾难性的影响。

设想一下，如果温度突然上升，或者氧含量突然下降到危险的地步，或者习惯性食用的某种食物消失了，种群中如果有任何个体（随机地）能够耐受这样的变化，那它就有稍微多一点的生存机会。它们将继续传递基因，假以时日，整个种群终将恢复。如果没

有足够的个体从这种变化中幸存下来，或者是变化过于剧烈而导致无一生还，那么这个物种很可能终将灭绝。

导致灭绝的理由有千千万，但是它们有一个共同之处：都集中在变化上。这些变化可以是物种的物理环境，比如栖息地被破坏，或发生洪水，或发生干旱，也可以是它的生物环境发生变化，比如出现新的捕食者或产生一种新的致死疾病。如果物种没有足够的时间来变化或仅仅就是无法变化，那它就将消亡和灭绝。有许多原因都会直接或间接导致一个物种或一群物种的灭绝。

## 疾病、捕猎和竞争

疾病通常和灭绝联系在一起。事实上每个活着的物种都有自己的一组疾病和从其他物种获得的一些疾病。回顾 1999 年，纽约成了一种新疾病的暴发中心。人们患病后不得不住院治疗，同时，鸟类开始在城市的动物园里死亡。人类和鸟类都成了由蚊子传播的西尼罗河病毒的受害者。这是美国第一次记录到这种疾病。不久以后，美国、墨西哥和加拿大有大约 250 个鸟种、数百万只鸟感染这种病毒或者因此而死亡。

在有些地方，物种数量因疾病快速下降近 50%。有些物种，比如极危的加州神鹫，因此灭绝的风险非常高，科学家和保育人士研发了疫苗来保护它们免受疾病的影响，以避免它们走向灭绝。

通常，捕食者和猎物之间存在某种平衡。它们一起演化了很长时间，即使没有几百万年，也有几十万年。这就是我们所说的协同演化，即两个物种的演化是紧密相关的。但是，当环境中突然出现新的捕食者，猎物往往没有时间来演化以避免被食。一旦捕食者被引入一个新的环境，亡羊补牢的可能性极低。

戈夫岛位于大西洋中间，距离南非 2800 公里，距离南美洲 3200 公里，是世界上最偏远的岛屿之一。它是 22 种海鸟的家园，那里没有天敌。然而，在 20 世纪，海员无意中将家鼠引入那里，很快，家鼠种群就出现爆炸式增长。家鼠在岛上没有天敌，因此演化出更大的体型，比它们在大陆上的亲戚们大一倍，并且转变为捕食者。

晚上，家鼠捕猎鸟巢里那些无法逃生的雏鸟。科学

当家鼠被引入到大西洋中遥远的戈夫岛上后，它们将目光瞄准了在那里营巢和育幼的海鸟。每年，家鼠杀死约 170 万只特岛信天翁雏鸟。

家估计，每年约有 170 万只雏鸟葬身鼠口。虽然特岛信天翁的雏鸟体重约 10 公斤，几乎是一只家鼠的 100 多倍，但它们无法保护自己，最终被活活咬死。

为了避免特岛信天翁的灭绝，保育人士启动了一个庞大的计划：在全岛投放鼠药，以杀死老鼠。虽然有些人不喜欢这个想法，但是，如果要给鸟类生存机会，就要清除掉每一只老鼠。这会耗费大量时间和金钱，如果我们想要阻止罕见物种走向灭绝的话，就得因地制宜，采取不同的方式。在拯救不同物种时，我们不总是喜欢那些不得不采取的措施，真是让人难过啊！

大自然处于一种平衡状态中，每个环境都演化出合适的组合来，包括食草动物、食肉动物和食腐动物，捕食者和猎物，还有不同类型的植物、真菌和其他有机物。这就像是一份自然菜谱，和其他料理一样，任何一种成分过多都会完全破坏口感。同样，如果一个环境中，任何一个组分过于泛滥，都会产生问题，最坏的结果

就是物种灭绝。

即使是小生物有时也会发生同样的情况。异色瓢虫最早在 2004 年从日本到了英国，成为英国最常见的瓢虫之一。这些长达 8—10 毫米的甲虫是英国 40 多种瓢虫中体型最大的品种之一。异色瓢虫以蚜虫为食，而且在春季、夏季和秋季可以繁殖好几代，这些都构成了额外的竞争优势，使之能够在与英国本土瓢虫的竞争中胜出。

当竞争发生时，生态系统中的资源，如食物和藏身处，都是有限的，因此导致物种之间产生直接的竞争。如果一个物种竞争不力，就很可能走向灭绝。

## 共同灭绝

有时，一个物种与另一个物种一起演化，它们的关系非常密切，以至于当其中一个物种消亡时，另一个物种也只能随之消亡。这可能是一种依赖特定寄主的寄生生物，也可能是一种特别的传粉昆虫，需要某种特定的植物才能存活。一个极端的例子是恐鸟和哈斯特鹰的协同演化。恐鸟是新西兰的一种大型鸟类，它不会飞，有的个体重达 230 公斤，高达 3.6 米。

哈斯特鹰是它们的主要天敌。当人类在大约 600 年前将恐鸟捕杀殆尽后，哈斯特鹰就失去了食物来源，也随之灭绝了。

## 基因混合

每个物种都有一组专属于该物种的遗传数据。当你逐一检视完定义一个物种的身体特征和行为时，接下来就轮到基因图谱了，任何一点微小的基因变动都会将一

白顶娇鹟

个物种改变成另一个物种。

在亚马逊雨林里，有三种看起来很相似的亮绿色小鸟，都是娇鹟。白顶娇鹟头上有一顶白色的“帽子”，乳白冠娇鹟的乳白色帽子闪闪发亮，金冠娇鹟的帽子是金色的，恰如其名。

乳白冠娇鹟

研究显示，在大约 18 万年前，白顶娇鹟和乳白冠娇鹟交配，产生了一个全新的物种——金冠娇鹟。两个物种繁殖并产生后代，这些后代就被称作杂交个体。比单个杂交个体更稀罕的是杂交物种。在鸟类中，杂交物种的例子非常稀少。除非这个途径所产生的新物种通过某种方式构成竞争，并把两个亲本物种推向灭绝，否则，它们并不必然对原先的两个物种产生威胁。

金冠娇鹟

## 栖息地破坏

当我们谈论这个导致灭绝的原因时，我们通常说的是“栖息地丧失”，不过，说白了，我们并不是失去栖息地，我们是在破坏栖息地。为了保护世界上的许多栖息地和生态系统，承认我们的所作所为是迈向正确方向的一大步。栖息地破坏最可悲的不只是对于许多生物个体的毁灭，而是对整个物种的毁灭。

贯穿地球的整个生命史，在导致灭绝的诸多原因中，栖息地破坏总是非常突出。在本书主角巨齿鲨所处的那个世界里，它所需的栖息地也丧失了，由此导致它最终灭绝。当栖息地的变化或破坏成为灭绝的影响因子，可能是因为栖息地被完全清除了，或者被严重污染了，或者它的温度改变了。一个栖息地的所有改变综合在一起后，很可能带来一场灭绝事件。

## 气候变化

有些大事件发生得非常迅速，比如一道闪电或一场地震。有些则假以时日才显现后果，但是它们的影响也一样大，甚至更大。这些威胁中，影响最大的就是气候变化，它超过了飓风、雷击和雪崩。自然灾难中的任何一种都是非常可怕的。一场飓风可能会导致几百甚至几千头动物死亡，而气候变化对我们这个星球的真正影响难以想象。数以万亿计的动物、植物和其他生物都受到威胁，这意味着数以百万计的物种将被推向灭绝。我们这个世界越来越暖和，海洋的酸度随之越来越高，海平面上升，我们从未像现在这样迫切地需要采取行动。

我们很容易就能找到那些因为气候变化而已经灭绝的物种。从嚼骨如泥的邓氏鱼到凶猛无比的霸王龙，

都因为这个原因消失了。

如果要预测哪些物种会因为气候变化而濒临灭绝，那就更加容易了——答案非常简单，那就是大部分物种。除非我们现在就行动起来。唯一更甚于气候变化的威胁是对气候变化的无所作为。

从政客到名人，甚至科学家，总有人会告诉你气候变化是不存在的，或者说气候变化是自然的，我们不必做什么。作为小小科学家，你会相信来自几千名不同专家通过几百个不同报告来展示的证据，还是相信那些为了生意或政治权力，或仅仅因为对科学以及科学家开展的工作很无知而试图说服你的人？你自己来做出决定吧。

# 时间线

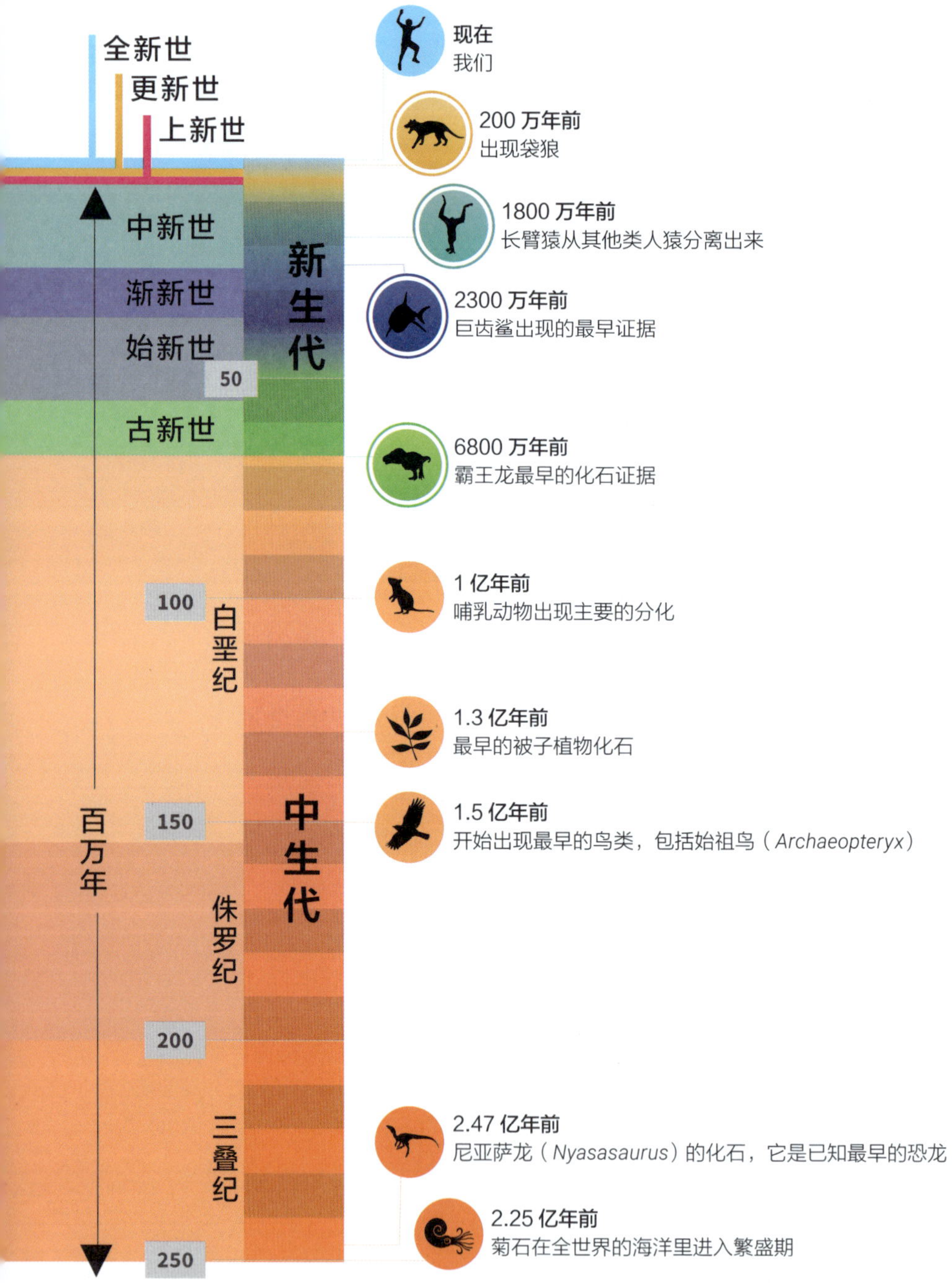

全新世
更新世
上新世
中新世
渐新世
始新世
古新世
新生代
50
100
白垩纪
150
侏罗纪
200
三叠纪
250
中生代
百万年
现在
我们
200 万年前
出现袋狼
1800 万年前
长臂猿从其他类人猿分离出来
2300 万年前
巨齿鲨出现的最早证据
6800 万年前
霸王龙最早的化石证据
1 亿年前
哺乳动物出现主要的分化
1.3 亿年前
最早的被子植物化石
1.5 亿年前
开始出现最早的鸟类，包括始祖鸟（*Archaeopteryx*）
2.47 亿年前
尼亚萨龙（*Nyasasaurus*）的化石，它是已知最早的恐龙
2.25 亿年前
菊石在全世界的海洋里进入繁盛期

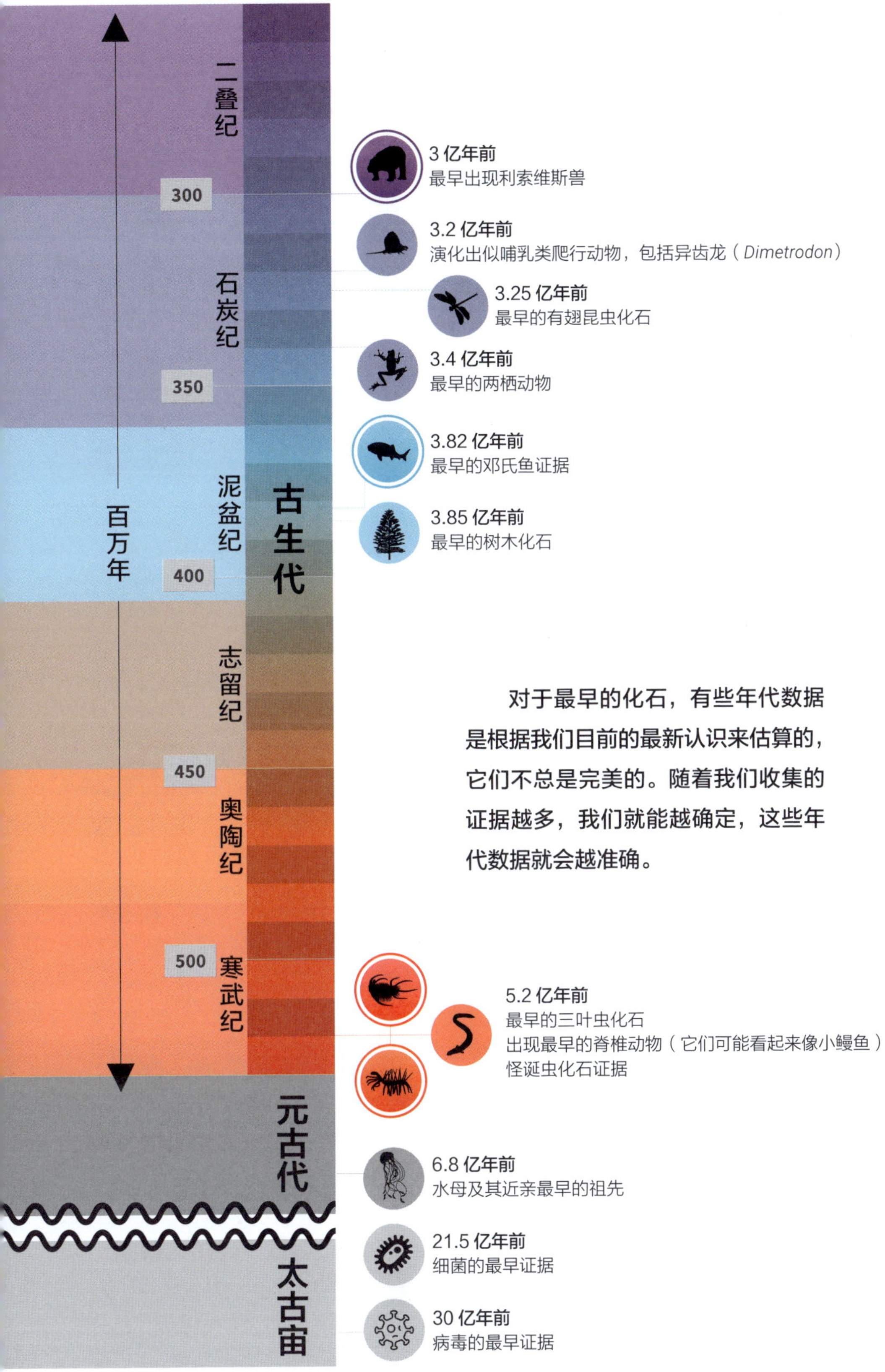


对于最早的化石，有些年代数据是根据我们目前的最新认识来估算的，它们不总是完美的。随着我们收集的证据越多，我们就能越确定，这些年代数据就会越准确。

# 大灭绝

现在，在世界上的某些角落，出于某些因素（希望是自然因素），某些物种将要走向灭绝。一个物种的演化和出现是完全自然的，同样，物种的不断消失也是如此。物种来了又走，循环往复，有点儿像潮起潮落或四季更替。

灭绝是无法避免的，无论在哪里，只要有生命，灭绝就以可准确预计的速率发生，我们称之为背景灭绝：它是持续的低水平灭绝，除了灭绝的物种外，不会在更

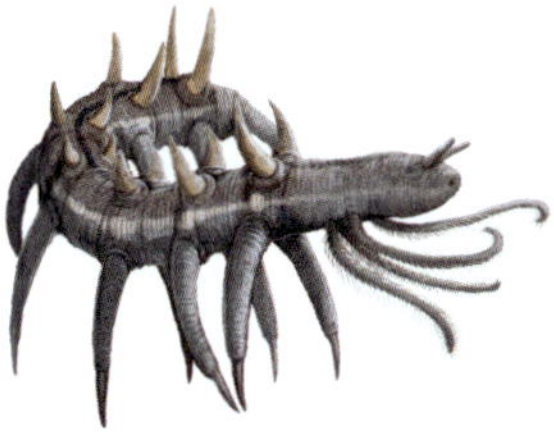
怪诞虫

大范围内产生严重的问题。我们中的大部分人都几乎无法察觉这种“日常灭绝”。但当我们讨论“大灭绝”时，就完全不一样了。

邓氏鱼

在本系列丛书中，我们将“大灭绝”定义为：全球范围内在一段较短的“地质”时期内发生的灭绝事件，涉及大约75%（甚至更多）的物种。如果你纳闷“一段较短的地质时期”到底有多短，那我们得说，它应该短于300万年。这可能听起来是一段很长的时间，但是，要记住，地球的寿命已有45亿年了。

三叶虫

我们把时间范围定为300万年，既能抓住突发的灾难性大灭绝事件，如导致恐龙消亡的白垩纪末期小行星事件，

利索维斯兽

又能涵盖数十万年甚至数百万年前的一些大灭绝事件。

本系列丛书将探究这五次经典的大灭绝、新发现的大灭绝和我们所触发的当前的灭绝事件。最后，我们将看看科学家和环保主义者是如何应对当前的灭绝危机的，并探索我们能够做些什么。

霸王龙

海南长臂猿

袋狼

# 上新世末大灭绝

没有哪两次大灭绝是一模一样的，这些可怕的事件通常大相径庭。一般来说，越晚近的大灭绝，我们了解得就越多，包括它是如何发生的，怎么会发生的，以及产生了什么样的后果。如果一场灭绝事件导致地球上至少 75% 的生命消亡，我们就称之为大灭绝。但是，有那么一次大灭绝并未遵循这个说法，事实上，并不是所有人都认为它是一场大灭绝。在地质时间表上，越靠近我们现在的地质时期就越短，比如古新世、始新世和渐新世，和之前的三叠纪、侏罗纪和白垩纪等三个地质时期相比，都是非常短暂的。

巨齿鲨出现并生活在中新世，它是渐新世后面的一个地质时期，终结于上新世。这个物种持续存在了大约2000万年，如果你还记得一个物种的平均“寿命”是1000万年左右的话，巨齿鲨的存在时间算是很可观了。

也许巨齿鲨的命运就是演化，征服全球水域，然后寿终正寝。但是这看起来不是有些怪怪的吗？甚至有些可疑！当你去看更大的图景时，这就更令人怀疑了，因为最后

的巨齿鲨生活在大约 360 万年前至 250 万年前，在那个时候，发生了似曾相识的可怕的事情。物种开始灭绝，但并非遍及各处。

之前的大灭绝，比如约 4.43 亿年前的奥陶纪晚期大灭绝，以及约 3.6 亿年前的泥盆纪晚期大灭绝，都集中在地球上的海洋环境中，主要是因为那时候陆地上毫无生命，或生机寥寥。但是，在几百万年前，陆地上的生命肯定已经非常繁盛了。然后，在上新世末期，海洋生态系统开始崩溃，与此同时，地球进入了一个新的地质时期——更新世。所有大型海洋动物中，有三分之一都消失了，包括 43% 的龟类和 35% 的海鸟。

科学家直到 2017 年才定义了这个“新的”大灭绝，虽然它丰富了我们在古生物学和地质学方面的知识，但也给我们留下了许多未解的谜团。

## 起因

我喜欢阅读间谍小说和犯罪惊悚小说。每一本书都是一段经历，要从嫌疑者名单里找出谁是大坏蛋，就要把里面的人一个一个勾掉，最后留下的那个就是最有可能的。我从来没看过哪本书里说，所有嫌疑者都供认不讳，并分工协作。可是这就很像上新世末期大灭绝里所发生的情况。之前的那些灾难性事件杀死了许多物种和类群，因此，在上新世末期大灭绝背后有一连串的可能起因。

在 380 万年前和 240 万年前之间，海洋里的大型动物（又叫海洋巨型动物群）的灭绝速率是过去 6600 万年里最高的，比任何一个时间点都高出三倍。在之前那场最有名的白垩纪末期大灭绝后的 6600 万年里，全球海平面波动最剧烈的时期始于上新世，大约是 530 万年前。在北半球广泛形成冰盖后，发生了一系列海平面波动。发现冰层、剧烈降温和灭绝之间的关系当然令人振奋，但我们在确定之前，需要查看线索，并遵循证据。

起因和巧合之间有很大的不同，不能因为一只松鼠在星期二从树上掉下来，就说星期二对松鼠来说是个非常危险的日子！但是，如果每个星期二都有 1000 只松鼠从树上掉下来，那我们可能就要好好看看星期二到底发生了什么事情。

现在来看巨齿鲨，我们知道它在大约 260 万年前的上新世末期从化石记录中消失并灭绝。我们还知道，这个时期正好与全球进入

冰期的时间相吻合。为了完全理解巨齿鲨、其他海洋巨型动物、许多海鸟和大量其他物种的灭绝原因，我们需要了解它们是不是因为全球温度下降而消失的，如果是，那么是什么导致了这个极端寒冷的时期？这里有好几种可能性，它们可能都在某种程度上导致了巨齿鲨的灭绝，让我们来一探究竟吧。

如今在北美洲和南美洲之间有一条带状的陆地，但是在 2 亿年前至 1.54 亿年前之间，那里形成了一条狭窄的水道，或叫作“海路”，使得赤道暖流能够被运送到地球各处。这条水道在 1300 万年前开始合拢，在 250 万年前，形成了完整的陆桥。这条陆地阻隔了地球上持续不断的水流输运，导致太平洋和大西洋之间产生盐度差异，影响了暖流的北向输运。结果，降雪和冰盖增加，全球气候冷却下来了。

另一个可能的起因是北美洲和格陵兰岛的地质环境剧变。落基山和穿过格陵兰岛西岸的山脉发生变化，阻挡了穿过大气层的强而窄的高速气流带，从而导致气候变冷。对暖气流的阻挡，加上山脉抬升导致的陆地海拔的增高，使得地球变得越来越冷。

每隔几年，海水表面温度上升，厄尔尼诺现象随之出现，但是在上新世早期至中期，出现了稳定不变的厄尔尼诺现象。这使得北极地区变得温暖，阻止了北半球出现冰川，地球持续变暖。但是在大约 300 万年前，稳定不变的厄尔尼诺现象被打破了，冷却下来的表层水使得全球变冷。还有一个因素是上新世晚期的大气层二氧化碳浓度下降，这可能显著导致全球变冷，开始形成北半球冰盖。

当大质量的恒星进入演化末期，它们会以真正的方式“死去”，终结于灾难性爆炸，这被称为超新星爆发。这些恒星内部含有地球上没有的各种金属和其他元素，所以当我们在地球上找到它们时，我们就知道它们来自太空，是超新星事件的产物。

这方面的一个例子就是科学家们找到的铁-60。它是一种放射性同位素，是化学元素的一个不稳定形式，当它衰变时会释放射线，然后逐步成为稳定的同位素。科学家在地球上找到这种地外元素时，就知道它是来自超新星的。但它没有提供时间信息。这个发现来自生物化石，铁-60 结合在它们微小的壳里，于是科学家对这些细小的化石进行年代测定，发现它们是大约 270 万年前的，恰好就在上新世末期海洋生物大规模灭绝的那个时间段里。

在上新世末期大灭绝背后有那么多可能的起因，还有那么多潜在的因素与之相关，但科学家直到今日仍然无法完全解开这个晚近的地质学谜团。不过，要记住，就在若干年前，我们甚至不知道有这样一个灭绝事件。我们正在逐步揭示地球历史的真相，知道发生了什么，也将知道为什么会发生。

## 影响 36

当这个星球上的气候变冷，海平面下降，水分被锁在极地的冰层里，就导致全世界都丧失了重要的滨海和浅水海洋栖息地。我们又发现上新世的海洋巨型动物中，生活在这类滨海栖息地及其周边区域的动物数量高达总数的 86%，你将这两者结合在一起看，就能明白为什么重要栖息地的丧失对于这类生物和其他类群而言是一场巨大的灾难。中新世和上新世都发生了海平面的波动，因此也显示了海岸线的位置，可见事情并不只是改变海岸线的位置那么简单。如果物种和类群无法适应这种持续不断的

这只长达 1.5 米的掠食性哺乳动物熊狸（*Arctodictis*）发现了一具很大的岛齿兽（*Nesodon*）尸体，但首先找到它的是一头雄性恐鹤（*Phorusrhacos*），而且并不想把它分享给其他动物。在中新世，这些高大的、不会飞的恐鹤是南美洲主要的陆生捕食者之一。

变动，它们就会被推向灭绝。

大地懒

由于巨齿鲨的体型很大，它需要持续进食才能存活下来，但是，在上新世末期，由于气候变迁，我们从化石记录中看到了大量大型海洋哺乳动物的变化：在中新世初期，许多鲸类和海牛在种类和数量上有很高的多样性，但它们在上新世末期前都消失了，巨齿鲨的猎物种类锐减，食不果腹。虽然目前还没有证据可以证明气候变化直接导致巨齿鲨灭绝，但由于食物的短缺和丧失，这种巨大的鲨鱼几乎成了上新世末期全球变冷的间接受害者。不仅如此，在这场大灭绝中，巨齿鲨格外倒霉，其他新的捕食者种类与它产生了越来越多的竞争。在上新世末期，大白鲨和虎鲸已经出现，它们在捕食和保存能量方面完胜了体型巨大的巨齿鲨。当

时很可能在巨齿鲨周围出现了许多动作更敏捷的小个子竞争者，在那样一个快速变化的世界里，巨齿鲨最终因为过于庞大而无法生存。

在中新世中期，巨齿鲨的数量达到了顶峰。在中新世末期，巨齿鲨在全球的覆盖率（指它占据的栖息地或生态系统的比例）下降了 36%，到了上新世，又下降了 29%，之后便销声匿迹，遁入史册。

细齿海牛鲸

600 万年前，一头大白鲨在墨西哥近海抓到一头海狮。一头年轻的巨齿鲨紧随其后，在这种情况下，它慢人一步，便落得饥肠辘辘的下场。

超新星的影响也导致了灾难的发生，这可能有助于解释为什么这场大灭绝不仅集中于海洋生态系统，而且主要针对其中的巨型动物。巨型物种除了因为海平面下降而确实丧失了滨海家园外，还更容易受到超新星释放的辐射的影响。大部分射线都不能穿过水层，但是一种叫作“μ子”的颗粒能够穿越海水团到很深的地方。μ子时时刻刻穿过我们的身体，但是因为我们生活在陆地上，已经适应，我们周边日常的μ子水平不会对我们产生危害。

在更高水平的辐射冲击地球之前，海洋动物不需要有这方面的适应能力。然而，与陆地上的μ子相比，它在水里的辐射剂量要大得多，所以对那些生活在水里的生物产生了更严重的伤害。虽然就辐射而言，较大的动物通常比较小的动物安全，但对于μ子就是另一回事了。它对于体型更大的生物，威胁也更大。虽然现在尚无铁证可断定超新星的辐射效应导致了上新世末期大灭绝和最大鲨鱼的灭绝，但是它对大型海洋物种的生存肯定是不利的。这次大灭绝仍然是一个令人着迷的、亟待完全解决的自然谜团。这次大灭绝主要影响了哺乳动物、海鸟、龟类和鲨鱼，这不仅意味着上新世的动物类群中有36% 无法进入随后的更新世，而且为后来的全球海洋生物多样性创造了机会，有了我们现在看到的精彩纷呈的现代海洋动物。

# 我要问专家

凯蒂·斯特朗博士是一名古生物学家，也是苏格兰地质基金会的干事。她研究石炭纪早期的鱼类和鲨类，利用鲨鱼牙齿化石和 3.3 亿年前的粪化石来研究这些动物是如何生活的，当时的环境又是怎样的。

## 为什么我们要研究已经灭绝的物种？

试着想象一下所有你知道的目前存在于地球上的各种不同的动物、植物、真菌和其他生物体。你猜得出有多少物种与我们共享这个星球吗？当前的估计是大约 20 亿个物种，但是科学家对此并没有确切的把握！

科学家明确知道的是那些在地球漫长历史中灭绝的不同类型的动物，包括像霸王龙那样的恐龙、没那么有名的巨齿鲨和猛犸象等哺乳动物。在我们理解为什么研究灭绝物种是如此重要之前，我们首先需要了解是什么导致了生物灭绝。

化石记录告诉我们，在过去的 5.5 亿年里，有过五次集中灭绝事件，即我们所说的大灭绝。在这些事件里灭绝的物种数量高得非同寻常。

在二叠纪末期发生的那次大灭绝最为惨烈，多达97% 的海洋物种和 75% 的陆地动物都灭绝了。

很可能是许多因素综合在一起，导致了这些事件，对我们来说，重要的是知道有哪些因素。小行星的影响，或形成盘古超大陆时大陆不断变化导致的栖息地丧失，或大规模火山爆发向大气释放巨量二氧化碳，导致地球气候的极端暖化和变化等，这些都很有可能是罪魁祸首。

转眼到了当下，科学家争论我们是否正在进入气候变化导致的第六次大灭绝。对科学家而言，了解以前那些大灭绝的过程非常重要。当时发生了什么，以及不同物种受到了什么样的影响，这些信息能让我们更好地认识到未来将要面对的挑战，帮助我们未雨绸缪，避免另一场大灭绝。

# 巨齿鲨

我们热衷于排名！我们似乎很喜欢将事物进行分类，然后按照某种方式来排列。或是按照身高来排，看看哪个是最高的；或是按照体形来排，找出个子最高的；或是按照时间来排，看看哪个是最古老的。带着这样的想法，你觉得谁会是史前终极掠食者？可能是邓氏鱼？它是地球上第一个超级捕食者，具有毫秒级咬合攻击速度；或者是像刃齿虎（*Smilodon*）那样的剑齿虎？它不仅身材高大，而且有长而致命的犬齿；或者你也喜欢那个最受欢迎的自然杀手霸王龙？它能轻易将猎物咬得粉碎。我们每个人都有自己最喜欢的明星物种，面对那些住在水下的捕食者，如上龙、鱼龙（*Ichthyosaurs*）和其他水生猎手如邓氏鱼，以及生活在陆地上的杀手，如棘龙（*Spinosaurus*）、伶盗龙（*Velociraptor*），当然还有霸王龙，的确很难将这两类分出高下。加上还有巨大的飞翔猎手，如风神翼龙（*Quetzalcoatlus*）可供选择，还有一群可怕的鳄鱼、哺乳动物、鸟类和其他类群，要决定哪一个是终极杀手的确很难。不过，就“史前终极掠食者”而言，有一个非常强有力的候选者，要了解它，我们就要回到 2300 万年前至 300 万年前之间，潜入海洋，来一次冒险旅行。

风神翼龙

你无论跳入哪里的海洋，都无关紧要，因为你肯定有机会发现一个这样的捕食者，或者说，你更可能被它们发现。这个终极杀手就是巨齿鲨，有史以来最大的掠食性鲨鱼。它在几百万年里主宰了每一片海洋里的每一条食物链，因此你在史前海洋的划桨航行中幸存下来的机会微乎其微。巨齿鲨不仅身材庞大，而且动作迅猛，它的咬合力很可能是自然界里有史以来最为强有力的。

任何年轻的古生物爱好者和我谈起巨齿鲨时，通常都会跟我说两件事。第一，现在仍然可能还有些巨齿鲨在深海游弋；第二，巨齿鲨很可能就是我们现在所见到的大白鲨的超大号版本。

好，先说重要的：巨齿鲨已经消逝了，灭绝了，死去了，再也不存在了。在最深的海洋深处也没有任何藏起来的巨齿鲨。在大洋中心远离陆地的地方也没有游弋的巨齿鲨。你在下文中会看到为什么它们都已经消亡了，我在这里想表达的主要观点就是，这种有史以来最大的鲨鱼已经灭绝了。

在北美的海岸线外，一头巨齿鲨对硕大的远洋鸟（*Pelagornis*）跃跃欲试，这种史前“具齿”鸟类的翼展在 5.5 米至 6 米之间。附近还有其他海鸟，包括已经灭绝的鲣鸟、鹱鸥、海雀和一种鹳的亲缘种等。在远洋鸟和它们的一片嘈杂声中，一条翻车鱼悄悄溜走了。

令人遗憾的是，“它们是非常大的大白鲨”这个说法，也是错的。很多年以来，科学家相信巨齿鲨是大白鲨的古代版，而且这两者在许多方面看上去都很像，表现得很相似，但是最新的科学证据显示，真正的巨齿鲨是独一无二的恐怖杀手。

## 发现

发现和确实了解这个发现，这两者有天壤之别。鲨鱼的牙化石就是一个最好的例子。根据记录，最早的鲨鱼牙化石是一名被称作老普林尼的古罗马博物学者和作家在将近2000年前发现的。然而，他不是很清楚这是什么，并且相信这些奇怪的三角形物体是月食发生的时候从天而降的。

到了1300年，我们的认识发生了变化，但仍然不是很准确。之后又过了大约200年，到了我们熟知的文艺复兴时期，人们认为鲨鱼牙化石实际上是大型蛇类和龙类的舌头，具有魔力，比如可以用来治疗中毒症状。

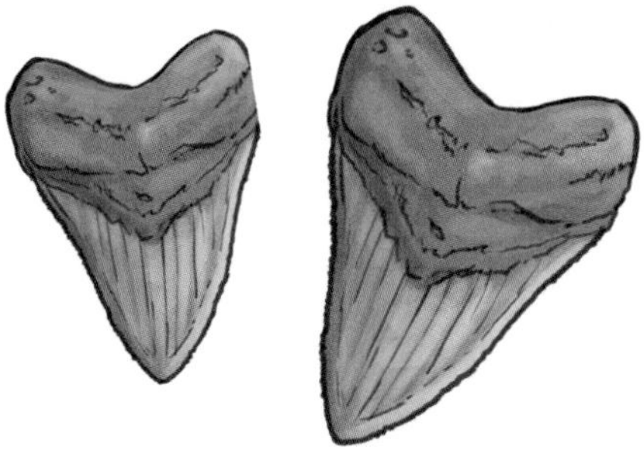

甚至据说包括贵族在内的有些富人通常佩戴这些“舌之石”，万一被敌人下毒，就靠它来保护自己。

最终，在1611年，一名意大利博物学家意识到这些奇怪的三角形物体是很久以前就死去的鲨鱼的牙齿。在1667年，一名叫作尼古拉斯·斯丹诺的丹麦博物学家写了一本书，名为《一条鲨鱼头部的解剖》，书中有一幅鲨鱼头部的绘图，里面有化石牙，另外还有一幅插图是关于一颗非常大的牙齿的，这看起来是巨齿鲨牙齿的第一个明确记录。

直到1843年，这种巨大的史前鲨鱼才被正式赋予学名，瑞士博物学家路易斯·阿加西斯将它命名为*Carcharodon megalodon*。可是，英国古生物学家爱德华·查尔斯沃思在稍早的一份1837年的报告中，把同样的动物命名为*Carcharias megalodon*。

自从发现这个化石之后，它的学名更改过数次，不过“megalodon”总是包含在内的。它的意思就是“大牙”（希腊语 mega 的意思是“大的”，odon 的意思是“牙齿”）。又大又宽的牙齿看起来的确和大白鲨（*Carcharodon carcharias*）的很像。当巨齿鲨最早被发现时，被命名为 *Carcharodon megalodon* 是有道理的，因为 Carcharodon 表示这些鲨鱼的关系很近。后来，科学家能够开展的研究较之前的更为翔实，结果显示巨齿鲨和大白鲨的关系并不是很近，因此，巨齿鲨的学名再次被修改。出于许多原因，物种的学名是经常被更正的，你会在下文中了解更多关于巨齿鲨学名更正的故事。

## 解剖结构

所以巨齿鲨并不是非常大的大白鲨。说它是古代的大白鲨，甚至是现代大白鲨的祖先，也都不准确。不过，自从它被发现以来，曾一度和大白鲨被归在同一个类群里。结果，这些巨大的古代鲨鱼常常出现在荧幕上、书本中和插图里，看起来就像是现代大白鲨的超大版本。

在所有脊椎动物化石中，古代鲨鱼肯定位列古生物学家最难重建的那类，由于整副骨架通常都已荡然无存，它们的重新构建几乎总是只能依靠牙齿来进行。这听起来可能很不可思议，但是，鲨鱼、鳐以及它们的近缘种没有我们这样的骨架。实际上它们和任何其他脊椎动物都不同，脊椎动物体内的骨架基本上都是由骨头组成的，而鲨鱼的骨架是由软骨构成的。不管你有没有听说过，软骨对我们确实很重要。它是一种柔韧、结实的物质，既位于一些骨头的端部，帮助骨头彼此连接，也构成你的鼻子和耳朵。所以，鲨鱼的骨架就像你的鼻子和耳朵一样柔韧，而且也像我们的鼻子或耳朵一样不会和骨骼一起保存下来。鲨鱼及其亲缘种的软骨质骨架早已腐烂，只有在极其罕见的情况下才能变成化石。

我们认为，最近，科学家已经能够将确实来自巨齿鲨身体的几块化石拼凑起来，因此我们终于知道巨齿鲨长什么样了，而且还知道它是怎么活动的，它有多厉害。

姥鲨

锥齿鲨

雪茄达摩鲨

丁字双髻鲨

巨口鲨

哈氏须鲨

大白鲨

格陵兰睡鲨

尽管我说巨齿鲨不只是一头很大的大白鲨，不过，在我们理解巨齿鲨解剖结构前，看看大型现代鲨鱼是个不错的开始。

如果没有骨架，我们很容易就会怀疑巨齿鲨是一头庞大的双髻鲨，或者可能是模样奇特、身体扁平的大号哈氏须鲨。

不过，根据巨齿鲨的族谱以及对其分类的理解，我们可以看到，它与大白鲨和锥齿鲨那样的鲨鱼关系最近，这就让我们在开始研究时有了一个大概的眉目。

和大白鲨相比，巨齿鲨的鼻子（或吻部）很可能更短一些，下颌更加扁平，看起来有点被挤压的感觉。头部更大——长度超过 4.5 米（是一个成年人身高的两倍多），宽度几乎有 2 米。这样一个巨型的头部就意味着巨齿鲨需要在颈部具有发达的肌肉，穿过它的头部来支持那个巨大的下颌以及沉甸甸的牙齿。因此，它的鼻子会比大白鲨的更加弯曲，身体看起来也更粗壮。

大白鲨的背鳍可高达 1 米，巨齿鲨的则可高达 1.6

米（和一头奶牛一样高），宽约 2 米。从背鳍的顶部到腹部最底下的距离超过了 4.5 米，而巨大的尾鳍则有 3.8 米高。总的来说，基于我们现在已有的最准确的数据，一头成年巨齿鲨可达 16 米长。这并不代表它的最大长度，只是基于目前已经找到的牙化石所做的最准确的估算。巨齿鲨很可能长到 18 米长，甚至达 20 米，和四头非洲象鼻尾相连的总长度一样，或者说，接近于五辆轿车连成一排的总长度。鉴于现在的鲸鲨长约 18 米，将巨齿鲨称为历史上最大的掠食性鲨鱼，或最有可能是所有鲨鱼中体型最大的，这两个说法无论哪个都恰如其分。笼统而言，巨齿鲨的体长是现代大白鲨的三倍，而且也明显重很多。

估算已灭绝动物的体重绝非易事。关于哪种恐龙体重最大这个问题，曾经有过一些激烈的争论，不过科学家已经表述说雄性巨齿鲨的体重可能为 12—33 吨，雌性的高达 27—59 吨，和一头成年抹香鲸的体重差不多。最大的大白鲨体重仅有一吨多，因此巨齿鲨在体型上相

当于是现代大白鲨的许多许多倍！

科学家已经有过若干次运气非常好的发现，他们找到了巨齿鲨的一些脊椎骨。它们有餐盘那么大，证实了这个古代掠食者确实很巨大。在秘鲁还出土了疑似巨齿鲨的部分头骨，一些牙齿和一些连在一起的脊椎骨也一同被发现。虽然这还没有被科学家正式确认，但是如果真是这样，那我们在了解这种有史以来最大鲨鱼的结构和形态方面，迈出了重大的一步。

巨齿鲨身上明确地遗留下来并且成为化石的是它的牙齿。在这个星球上的许多地方，常能发现巨齿鲨的牙

齿。之所以牙齿能成为化石，而骨架无法成为化石，原因就在于牙齿更加坚硬，它们的表面有一种叫作磷酸钙的矿物质，这种矿物质也存在于我们的骨头和我们的牙釉质中。巨齿鲨的牙齿看起来像是宽宽的三角形，两条最长的边上形成了许多非常小的锯齿状突起。这些牙齿可长达 18 厘米，几乎和一个 10 岁孩子从肘部到腕部的距离一样长（我打赌你正在看你的胳膊，对吧？）。一头成年巨齿鲨在任何阶段，嘴里总共有多达 276 颗牙齿。鲨鱼和你我不同，它有两套以上的牙齿——它们终身都在不断长牙。鲨鱼的牙齿会在几个星期内整副掉落，这

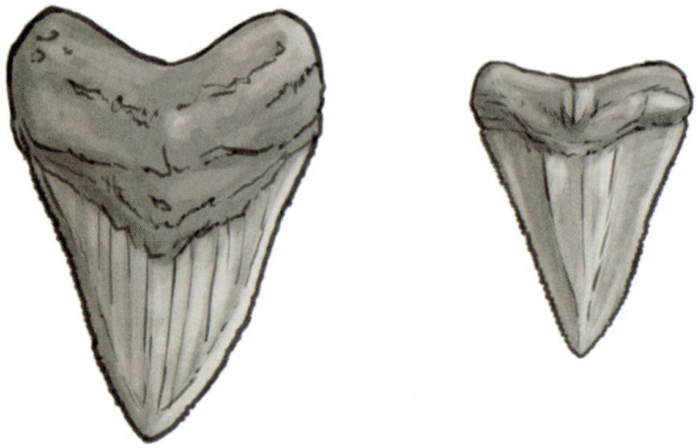

巨齿鲨的牙齿（左）和大白鲨的牙齿（右）

取决于它吃了什么东西，掉落的牙齿要么坏了，要么被后面的新牙所替代，它有点像是装了牙齿传送带。一条鲨鱼终其一生可能会有 40000 颗牙。

巨齿鲨牙齿的一个显著特征是它们的形状和每条切边上的锯齿状突起，每厘米有 12—17 个突起，它们比较小，有些磨圆了。有这么大而锋利的牙齿当然很棒，但是，如果嘴巴不能长得足够大，这些牙齿也不会有啥用处。为了咬住鲸鱼那样大的猎物，巨齿鲨必须能够将嘴巴张开至 2 米（可能要接近 3.5 米），相当于一个非常高的成年人，或两个身材一般的人的身高总和。

这种已经令人印象深刻的鲨鱼最厉害的特点之一就

是它的咬合力。科学家利用一种特殊的设备测量活着的动物有多大的咬合力。这个设备是一条很厚的带子，里面嵌有压力感应器。另一端连着一台小型计算机。当研究人员让动物咬住那个带子，感应器就能测量出咬合力有多大。它适用于有些动物，但也有些动物没法用这种方式。比如，在保护地里训练一头老虎，或在动物园里训练一条鳄鱼，都要比在野外训练同样的动物简单得多。要让水里的一头野生动物来咬住这个设备，更是难上加难，所以给抹香鲸或鲨鱼做这种测试确实是非常难的。

首先，你得找到那个动物，然后试图让它咬住设备，并且要确定它是尽最大力咬住的。你还得确保在这个过程中你自己不会被它咬

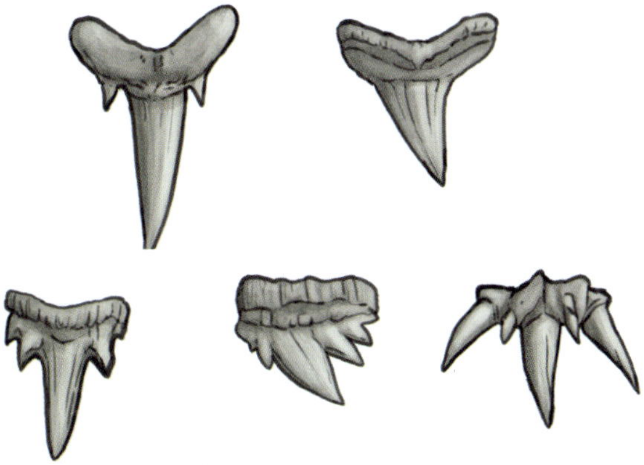

各种鲨鱼牙齿：（顺时针从左上开始）锥齿鲨、深海长尾鲨、链猫鲨、扁头哈那鲨和皱鳃鲨。

住。如果你正在研究的是已灭绝动物，那就更是加倍困难了，已灭绝的鲨鱼格外棘手。但科学家还是完成了研究，结果令人震惊。我们测量力的时候，使用牛顿（N）作为单位，你肯定想到了，这个数字越高，咬合力就越大。

让我们从自身开始吧。一个成年人的咬合力是 890N，听起来挺厉害，但是如果放在动物王国里，它不算什么，有些动物具有真正强劲的咬合力。浑身铠甲的邓氏鱼已经灭绝，它们在泥盆纪期间统治着海洋，它们的咬合力相当惊人，大约为 7400N。不过，如果你知道了大白鲨的咬合力，邓氏鱼的就没有那么厉害了——大白鲨的达到了 18000N。如果我们把恐龙也考虑在内，霸王龙的奋力一咬，可达 50000N。我打赌，你现在肯定觉得你的下巴太弱了，根本没法比啊！

然而，当我们研究巨齿鲨的咬合力时，得到的结果几乎让人无法相信。

由于这种动物早就消亡了，它们的嘴巴也从未保存下来，我们永远都无法百分之百地确定这个结果。科学家产生了两个关于巨齿鲨咬合力的数据。这两个数据都是上限，是分别在嘴的不同部位估算的——前端和后端，后端的咬合力更大。这些研究认为，巨齿鲨具有自然界里最强劲的咬合力，嘴巴前端的咬合力是 93127N，后端是无异于天文数字的 182201N！

## 生物分类

许多物种都有若干不同的名字，或者取决于命名者说的是哪种语言，或者取决于它是在哪里被发现的。即使是鲨鱼家族里最家喻户晓的成员大白鲨，也有好几个身份，好多个称呼，如白鲛、白色指针等，甚至还有一个阴森恐怖的名字——白色死神。这些都是它的俗称。地球上的每个物种，不论是现生的，还是已经灭绝的，都有一个学名，即根据双命名法所确定的名字。无论你在哪里，无论你说的是哪种语言，这个学名都能帮助我们识别这个物种。每个学名都用斜体字表示，分为两个部分。

第一部分就是我们所说的属，它的首字母总是大写。第二部分是物种的名字。一旦某个物种拥有一个学名，它就不会改变了。但这也不完全正确，因为在过去，学名有时是会被更正的。有时，两个科学家分别描述了同一个物种，并赋予不同名字，而它只需要一个名字就够了。这被称为分类学，是我们理解如何给物种进行划分和归类的方法。随着分类学的进步，我们需要修订一些学名，这样我们就能更好地表示生物之间的关系。

如果我们要考察你（我猜你是一个“人类”）、一只黑猩猩和一个尼安德特人，想要知道这三者之间的演化关系，学名就给我们提供了重要线索。尼安德特人的学名是 *Homo neanderthalensis*，黑猩猩的学名是 *Pan troglodytes*。尼安德特人是与我们最近的已灭绝近缘种，黑猩猩是与我们最近的现生近缘种，但哪个与我们的关系更近呢？让我们来看看我们自己的学名，它是 *Homo sapiens*。由于我们和尼安德特人的学名的第一部分都是 *Homo*，所以我们与他们之间的距离比我们与黑猩猩之间的距离要近些。假设因为某些很奇怪很滑稽的理由，突然发现了惊人的新证据，显示我们实际上与黑猩猩的关系更近，那可能就不得不修订我们的学名，要改为 *Pan sapiens*。我之所以在这里讲这个内容，就是因为这是确实发生在巨齿鲨身上的故事。它是现在少数几种不仅学名被修订，而且还被修订好几次的物种之一。

如前文所述，从开始给巨齿鲨命名时，情况就已经乱成一团。1843 年，一名瑞士的博物学家正式给它命名（嗯，这是它的第一个“官方”学名），这个名字是 *Carcharodon megalodon*。“*Carcharodon*”一词来源于希腊文，意为“锋利的牙齿”，因此当古生物学家注意到有一种掠食性恐龙具有和大白鲨很相似的牙齿时，就将其命名为 *Carcharodontosaurus*（鲨齿龙）。

但是，到了 1837 年，巨齿鲨被改名为 *Carcharias megalodon*。如果你具有一些有关鲨鱼的知识，你可能会发现这个名字的第一部分和大白鲨的学名是一样的，更重要的是，另一类现生的鲨鱼类群也具有这个名字的第一部分：锥齿鲨的学名里，第一部分也是 *Carcharias*。显而易见的是，对巨齿鲨的最早期研究认为它们与大白鲨或锥齿鲨的亲缘关系是最近的。很快人们就接受了这个说法，认为巨齿鲨与大白鲨的亲缘关系更近，因此不能再继续使用 *Carcharodon megalodon* 这个名字了。在 1881 年，人们非正式地更改了巨齿鲨的名字。可是，到了 20 世纪 80 年代，几乎是巨齿鲨首次被科学描述后的 140 年，它的名字再次被修订，这次是基于对它的古生物学和分类学方面所做的更完善的研究。原有的学名

*Carcharodon megalodon* 被废弃，取而代之的是一个新的学名 *Carcharocles megalodon*。

之所以采用这个新名字，是因为科学家已经认识到，巨齿鲨确实不是大白鲨的超大版本。它们的牙齿看起来有点像，但是它们具有显著而重要的差异，足以将它们分成两个类群，这也意味着它们是从不同的祖先演化而来的。巨齿鲨是这个新类群 *Carcharocles*（拟噬人鲨属）中的四个物种之一，该属在被描述时，已经全部灭绝。不过这也引起了一些争议，有的科学家认为这个类群里只有两个物种，而不是四个。不论是两个还是四个，这不重要，因为这个类群的名字早就注定要被修订。

现在，虽然有的科学家还在沿用 *Carcharocles megalodon* 这个名字，但大部分人都认可最新的学名 *Otodus megalodon*，它包含了最近的研究成果，也最准确。这个分类不仅给了巨齿鲨一个新的学名，而且还告诉我们，大白鲨不是从巨齿鲨演化而来的。实际上，它们的共同祖先要追溯到 1 亿年前。相比之下，你和黑猩猩的

附肢白垩鼠鲨

共同祖先生活在 500 万至 700 万年前。

耳齿鲨（*Otodus*）得名于它们的牙齿形状。这个名字来自“耳”和“牙齿”的古希腊单词，因为那些牙齿看起来（有一点点）像尖尖的小耳朵。虽然巨齿鲨的牙齿看起来根本不像耳朵，但与它最近的近缘种和它的许多祖先的确有非常明显的像耳朵一样的三尖牙齿。与巨齿鲨亲缘关系最近的物种是斜耳齿鲨（*Otodus obliquus*），它生活在 6000 万至 4500 万年前，它是当时最大的鲨鱼，体长约 9—10 米。

让我们在巨齿鲨的直接族谱上继续向前回溯。在斜耳齿鲨之前是一种附肢

巨齿鲨

白垩鼠鲨（*Cretalamna appendiculata*），因为它的许多化石都是在白垩土地区发现的，因此这个名字的第一部分来自“白垩”的拉丁语单词和“鲨鱼”的古希腊语单词。巨齿鲨的这个祖先更小，大约为 2—3 米长，生活在 1.05 亿年前的白垩纪晚期。

分类研究从来就不简单，当我们的研究对象是已经灭绝的物种时，就更加困难了。由于那些生物仅留下了牙齿，使得分类成了看起来很有意思但几乎不可能完成的侦探工作！不过我们可以浏览一下古生物学记录，看看能将鲨鱼追溯到多久之前。

关于第一条鲨鱼的可能的证据来自遥远的 4.2 亿年

斜耳齿鲨

前，那时植物或动物都还没有出现在陆地上。这些最早的化石是一些小鳞片，还没有百分之百确定它们就是来自鲨鱼的，不过，如果是的话，这就意味着鲨鱼已经生存了几乎 5 亿年了。

稍等片刻，让我们来想象一下，鲨鱼在如此漫长的时间里都经历过了什么。我们所认为的鲨鱼类群里的第一个成员直到泥盆纪中期才出现，大约是 3.8 亿年前。这些鱼被称为裂口鲨（*Cladoselache*），它们具有鱼雷状的身体，尾部和背鳍都分叉，它们是活跃的猎手，与庞大的掠食者邓氏鱼同游。它们可能还不是真正意义上的鲨鱼，但可能属于一个关系较近的类群。鲨鱼一路演化，表现良好，但是在二叠纪末期，大约 2.52 亿年前，发生了史上最惨烈的大灭绝，又叫作“大死亡”（Great Dying）事件，地球上 96% 的生命都消失了，鲨鱼也饱受重创。鲨鱼类

鲸鲨

剑吻鲨

群中只有极少数得以幸存，并延续了下来。直到侏罗纪早期，大约 1.95 亿年前，如今仍然存活着的最古老的鲨鱼类群才出现。它们是灰六鳃鲨和许多其他出现在侏罗纪化石中的已辨认的鲨鱼类群。正是在这个时期，鲨鱼演化出游得更快的能力，还有灵活的下颌，能够向前伸出来。对于掠食性鲨鱼而言，后者非常重要，这个能力使得它们能捕食比它们大得多的猎物。

可是悲剧再度来袭，这一次是在白垩纪末期，另一场大灭绝席卷这个星球。

当地球上的大部分生命，包括许多恐龙都死去时，有些鲨鱼再度幸存下来。

长尾鲨

大部分白垩纪大型鲨鱼都消亡了，只留下小型的深水种类，它们以鱼类为食。可是，大自然不放过任何一个空白，如果一个栖息地或生态系统中出现一个空位，通常要不了多久，演化就会挑选一个生物体或一类生物体来填补这个空白。这不是大自然故意做出的挑选或决定，是演化挑出了那些最有生存机会的有机体，当它们确实得以幸存，自然选择就让它们兴旺繁盛。

这就是那个著名的小行星导致的大灭绝之后，鲨鱼再一次的机遇。当包括沧龙、上龙和鱼龙在内的所有大型掠食性海洋爬行动物和所有大型古鲨鱼消亡后，全球海洋生态系统里出现了一个空白，没有活跃的大型掠食者了。正是演化上的运气使得鲨鱼不仅幸存下来，而且能够再次演化成大型掠食者。小行星事件发生后，又过了几百万年，斜耳齿鲨出现了，它极有可能就是巨齿鲨的祖先，它在 6000 万年至 4000 万年前主宰了全球的海洋。

## 生态环境

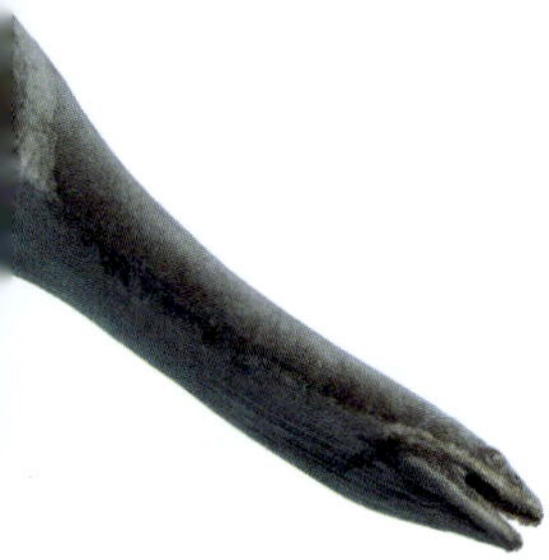

根据你有可能发现牙化石的地方来看，巨齿鲨这种庞然大物几乎在全球都有分布。在北美洲的东岸附近（北卡罗来纳州、南卡罗来纳州和佛罗里达州附近）、澳大利亚的部分地区和摩洛哥的海岸附近都发现了大量牙齿。在英国的一两个地方也曾发现过，不过英国这些地方发现的牙齿很少，质量通常也比较糟糕。

事实上，巨齿鲨生活在地球上的大部分海洋栖息地，除了北极和南极。它的化石在除了南极洲以外的其他大洲都有发现。最南端的化石记录是在新西兰的海岸附近，最北端的则是在丹麦。

虽然巨齿鲨游弋在世界的大洋中，活动范围非常广泛，但它们似乎特别适应温暖的热带和亚热带区域。它们生活在大洋的开阔水域里，成年个体喜欢待在滨海栖息地附近。根据幼鲨牙化石的发

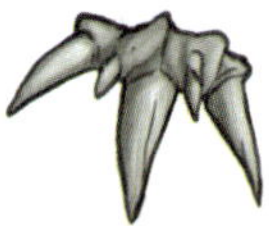

现密度推断，它们也喜欢靠近海岸线，可能那里对它们来说更安全一些。有些现代鲨鱼种类如公牛真鲨，它们在一些靠近河口和较隐蔽海湾的特定区域育幼，看起来巨齿鲨也一样。科学家在北美洲的马里兰州和佛罗里达州，以及巴拿马和加那利群岛附近都发现了巨齿鲨的育幼地。

有时，一些事情看似显而易见，但可能并不一定像你想象的那么简单。比如，捕食者虽然看起来孔武有力，位居食物链顶端，但这并不意味着必然的安全无虞。以狐狸为例，它们也是捕食者，但它们会被其他捕食者如金雕抓捕、杀死并吃掉。当一个捕食者位于食物链顶端，所有其他捕食者都不会威胁到它的安全时，我们就将其称为顶级捕食者。

我们不可能追溯每个历史阶段，并且查看每个栖息地和环境里的每个捕食者，不过，如果你真这么做的话，巨齿鲨因其体型、力量和一些特化的行为适应，很可能是顶级捕食者里的顶级捕食者。事实上，要确定它的食物内容是很棘手的，这部分是因为很少有化石显示伤口和被撕咬的痕迹，还有一个原因就是，如果一个猎物被有史以来最大的鲨鱼所攻击，那就很可能所剩无几了。

从我们现在已有的化石记录来看，巨齿鲨以各种海洋哺乳动物为食，包括现在已经灭绝的滤食性鲸鱼、一个叫作鲨齿鲸的已灭绝类群、巨大的弓头鲸、抹香鲸和最大的滤食性须鲸类群（包括现在的巨型海洋动物，如蓝鲸和长须鲸）等。在它的食谱上还有海豹、海牛、海龟、鱼类和其他鲨鱼。有的研究者认为巨齿鲨的攻击目标是体长 2—7 米的体型较小的鲸鱼，而不是大型猎物，而且，就像现在的

在欧洲的一处海岸线附近，一头饥肠辘辘的巨齿鲨穿过一处较浅的海草栖息地，追逐着一群鲛齿鲸。

大白鲨，巨齿鲨很可能在一生的不同阶段捕食不同大小的猎物，拥有不同类型的食物。

## 年代

巨齿鲨的存在时间超过了 2000 万年，它们的化石可以追溯到大约 2300 万年至 360 万年前，从中新世早期直至上新世。

## 栖息地

在除了南极洲以外的每一个大洲都曾发现过巨齿鲨的牙齿。这个物种的地理分布范围从北纬 55.28° 到南纬 43.99°，这说明了它们没有生活在更寒冷的极地水域中。

## 环境

纵观地球历史的大部分时间，我们这个星球曾经的样貌与我们当下所处的环境相差很大。在某些时期内，它更温暖一些，在其他时期，则寒冷得多。由于板块构造运动，陆地已经发生很大的变化，自从出现生命之后，超大陆在几亿年里抬升又下降。不过，当巨齿鲨不断演化并主宰全球海洋时，它所处的环境与我们现在所知的地球状况很相似。

根据已有的发现，在中新世初期，大约 5000 万年前，地球经历了全球变冷阶段，极地的冰层开始显著扩散。在中新世中期，大约 1700 万年前，地球开始再度变暖，那时地球上许多地方的气温都比现在高 4—5℃。那时，构造板块的持续运动在全世界都产生了新的山脉，包括北美洲的内华达山脉和南美洲的安第斯山脉。当巨齿鲨刚出现时，以各大洲的大小、形状和位置来看，和现在的情况非常接近，当巨齿鲨灭绝时，地球上只有少数几个地方与今天不同。

在整个中新世，北美洲和南美洲之间还没有连起来，印度和亚洲缓慢碰

在这片南美洲的太平洋海岸上，巨大的半水生的海懒兽（*Thalassocnus*）准备出来觅食，此时，一对健硕的孔颧皮斯克长吻鳄（*Piscogavialis jugaliperforatus*）正在朝阳里暖身。那些鸟类是拉氏巨嘴鲣鸟（*Ramphastosula ramirez*）和巨喙环企鹅（*Spheniscus megaramphus*）。

撞时形成了山脉，非洲大陆板块和欧亚大陆板块也是如此。这个过程与全球海平面下降相结合，在中新世末期导致地中海一度干涸。

当时的全球气温是比较暖和的，但总的来说，长期趋势是地球将逐渐冷却下来。这个过程从中新世延续到上新世，并进入更新世，在一系列的冰期内，巨量冰川覆盖了地球相当大的部分。不过，在中新世末期，地球环境总体上变得更加干燥。东非雨林都干枯了，澳大利亚的降雨越来越少。在大约 1400 万年前，平均气温显著下降。之后，在大约 800 万年前，降温更严重，这时，南极洲的冰雪覆盖面积和我们今天看到的差不多，格陵

兰岛开始形成冰川。当巨齿鲨在上新世中期灭绝时，全球平均气温比现在高 2—3℃，海平面比现在高接近 25 米，北半球正在形成广袤的冰原。

这样的气候变化意味着全球的栖息地和环境类型发生了重大的转变。正是在中新世期间，全球的滨海栖息地开始出现巨藻林，并迅速成为地球上最丰富的生态系统之一。广阔的草原形成于中新世开始之前，进入中新世后继续扩展，而森林则无论是面积还是数量都在萎缩。这个全球气候变化，以及新生态系统在陆地上和海洋中的诞生，都对植物和动物产生了剧烈的影响。

## 植物和动物

许多植物和动物种类及类群在经历了中新世并进入上新世时，和我们如今看到的很相似，或者是一样的。对其他物种来说，它们在这个时期内不断发展，在某个环境中或不同环境之间变得更加多样化。在陆地上，地球上的许多地方都有了草原生态系统，新的动物和植物得以在其中繁衍。新的草原生态系统孕育了更多的草食动物，比如马、犀牛和河马。

对我们这样的哺乳动物来说，草原也是一个不可思议的重要因素。几乎就在同时，类人猿正在变得越来越丰富，有将近200个物种，在灵长目中，我们这一支已经与我们的黑猩猩表亲从一个共同祖先那里分道扬镳了。这个类群最终演化成人类的第一个成员出现在化石记录中了，他们在大约700万年前仅靠双腿四处行走。

这些重要的草原生态系统是很好的协同演化的例子，这些栖息地促使了群居性食草动物在数量和多样性上增加，也由此出现了全新的行动敏捷的捕食者。在中新世即将过渡到上新世的时候，现代植物中约 95% 都已经存在了。

对于海洋环境中的植物和动物来说，这也是一个剧变期。巨藻林在中新世和上新世初期大面积扩散，迅速繁盛起来。这种褐色巨藻的出现，支撑了许多新的海洋物种，包括大量无脊椎动物、海獭、鱼类，甚至还有半水生的海懒兽，它能长到 3 米长，潜入水中以藻类和海草为食。其他海洋环境也生机勃勃，在中新世期间，海鸟的多样性达到了有史以来最高的水平。

大约就在此时，鲸豚类也极其兴旺发达，相比如今的滤食性须鲸只有 6 个不同的类群，在中新世，它们有 20 多个不同类群，每个类群都有许多许多种。事实上，正是在巨齿鲨的统治时代，鲸豚类的多样性达到了有史以来的最高点，从长相奇特的海牛鲸（*Odobenocetops*）到真正的海洋巨兽利维坦鲸（*Livyatan*），真是令人目不暇接。海牛鲸身长 2 米，很像海象与鲸鱼的杂交体，它

在中新世，鲸豚类的数量和多样性都远比现在高得多，巨齿鲨很擅长捕捉它们。在智利沿海，一头年轻的巨齿鲨正借助浑浊水体的掩护，靠近一群身长 2 米的海牛鲸。

是在智利和秘鲁的海岸线上被发现的。利维坦鲸可长达17米，将近60吨重，有40颗牙齿。这些牙齿超过36厘米长，是所有动物中，除了象牙外最长的用于撕咬的牙齿。利维坦鲸和巨齿鲨都生活在900万年前，都在秘鲁附近的海域出现，可能也在全球其他几个地方一起出现，因此它们很可能是有接触的，但到底是否会为了争夺食物而彼此斯杀就不得而知了。

虽然巨齿鲨是最近的史前海洋掠食者群落里的超级巨星，但它并不是中新世和上新世期间海洋中唯一一种令人过目不忘的鲨鱼。丘布特耳齿鲨（*Otodus chubutensis*）的体长略超过12米，比巨齿鲨小很多，它可能是巨齿鲨的一个祖先，也可能是一个与巨齿鲨关系较近的物种，具有共同的祖先和生活环境。至于泛鲭鲨，它又被称为阔齿白鲨，体长4米，很可能是现在我们所见到的大白鲨的祖先。还有其他的，如6米长的锯齿钝吻鲨（*Hemipristis serra*）具有特化的牙齿，上面留有一条独特的咬痕，

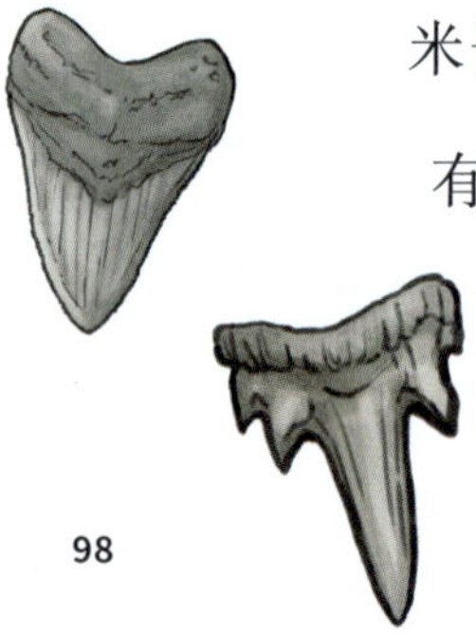

古生物学家据此发现这些古鲨鱼很擅长在浅水区捕猎游动缓慢的海牛。

## 行为

要复原一头巨大的灭绝鲨鱼的解剖结构是很难的，只有牙化石的话，只能综合各种信息来想象它的行为。行为是不会变成化石的，但是有些有意思的化石能帮助我们推知动物会采取哪种类型的行为，或是能够有什么样的行为。这也是科学如此迷人的原因之一，通常最艰巨的难关往往导向最令人激动的发现。

有一处化石显示了一对 4700 万年前的龟在交配时死亡了，不过最令人印象深刻的显示行为的化石是 7400 万年前的“恐龙大战”。这组在蒙古发现的化石是一头伶盗龙和一头原角龙在一场激烈的打斗中纠缠在一起。

原角龙是更为人熟知的更大个儿的三角龙（*Triceratops*）的早期亲缘种。这场面真是让人难以想象，捕食者

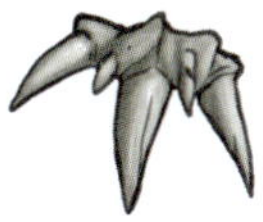

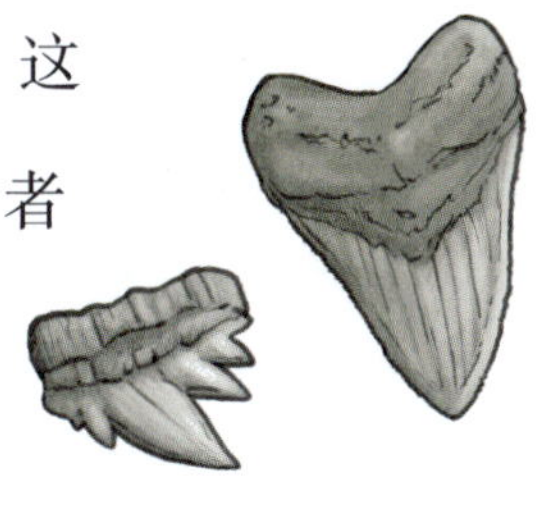

要根据化石来解释行为是很难的，但是，有时会有奇迹发生。7400万年前“恐龙大战”的发现显示，一头伶盗龙（*Velociraptor*）和一头原角龙（*Protoceratops*）被永远地锁定在最后的争斗中：它们双双被沙暴困住，并死于其中。我们根据化石发现了捕食者是如何利用爪子的，以及被捕食者又是如何试图进行防卫的。

虽然个子较小，但它将它那出了名的爪子深深地扎入了原角龙的脖子，而原角龙还剩一口气时狠狠地咬住了伶盗龙，把它前肢的骨头咬得粉碎。

要还原史上最大的鲨鱼的行为很棘手。蛛丝马迹只能揭示冰山一角，但是通过它们，我们得以一窥终极掠食者生前的行为，真是令人向往。

牙齿化石是我们最常发现的巨齿鲨化石。那我们就从牙齿开始吧。对于任何物种，当我们想知道那个动物吃什么、怎么吃的时候，研究它的牙齿都是很有用的。有的物种具有又细又长，像针一样的牙齿，比如大青鲨和灰鲭鲨。这种牙齿很适合刺杀和扎中游得很快的鱼，这种鱼通常非常光滑。包括铰口鲨在内的其他种类的鲨鱼具有密集而扁平的牙齿，可以咬碎具有坚硬外壳的猎物，比如蟹类、龙虾和贝类。其他鲨鱼，如姥鲨和鲸鲨，是滤食者，它们的牙齿非常小，被认为是非功能性的牙齿，根本不会被真正用来摄食。

接下来就是很大的三角形牙齿，中间部分增厚，可施以额外的力量，牙齿的每一边都有一排锯齿状的切槽。鲨鱼演化出这种宽而有力的牙齿，就能通过猛烈的摇头摆尾来咬住猎物，并将肉咬下来。像这种可以“锯肉”的牙齿是用来对付哺乳动物的，大白鲨和巨齿鲨都有。由于巨齿鲨身材巨大，需要相当多的能量，它很可能会捕食鲸豚类及其亲缘种，也许还会捕食这个类群里的大个子物种。

巨齿鲨是一种鲨鱼，不管在什么时候，它都更倾向于捕猎一头大翅鲸，而不是身材更小、动作更敏捷的海豚。这是有据可查的，巨齿鲨的牙齿和古鲸的骨架常常被一同发现，这就意味着它们在同一时间出现在同一地点。史前的滤食性鲸鱼被发现时，它的肋骨上有牙印，与巨齿鲨的牙齿相吻合，甚至有一条鲸鱼的脊椎骨裂成了两半，可能就是大鲨鱼的一次致命噬咬造成的。

有一些鲸鱼脊椎骨的化石上深嵌着巨齿鲨的牙齿，暗示了曾经发生过的疯狂袭击。可惜，所有这些几乎都不是“原装”的，而是将真的巨齿鲨牙齿粘在真的鲸化石的孔洞里，看起来非常逼真。当你考虑成为一名科学家时，就要时刻留意你面前的证据。当你想要相信一些什么的时候，尤其是这么酷的事情时，就特别容易被蒙蔽。

如果我们同意巨齿鲨捕猎鲸鱼及其亲缘种这个说法，那我们也应该很清楚这些行动迅速而且身材非常庞大的动物并非轻而易举就可得手，也就是说，巨齿鲨必须主动攻击，甚至可能采取伏击的策略。巨齿鲨要成功做到这点，就需要一些很特别的适应。

一个适应可能是它的体色。关于恐龙是什么颜色的，有许多有意思的研究，但是对于已灭绝鱼类的化石就没有同样的研究。科学家可以参考现代大型掠食性鲨鱼的样子，再回过头去预测巨齿鲨是什么样子的。我们通过这个办法认为，这种拥有有史以来最大咬合力的巨型鲨

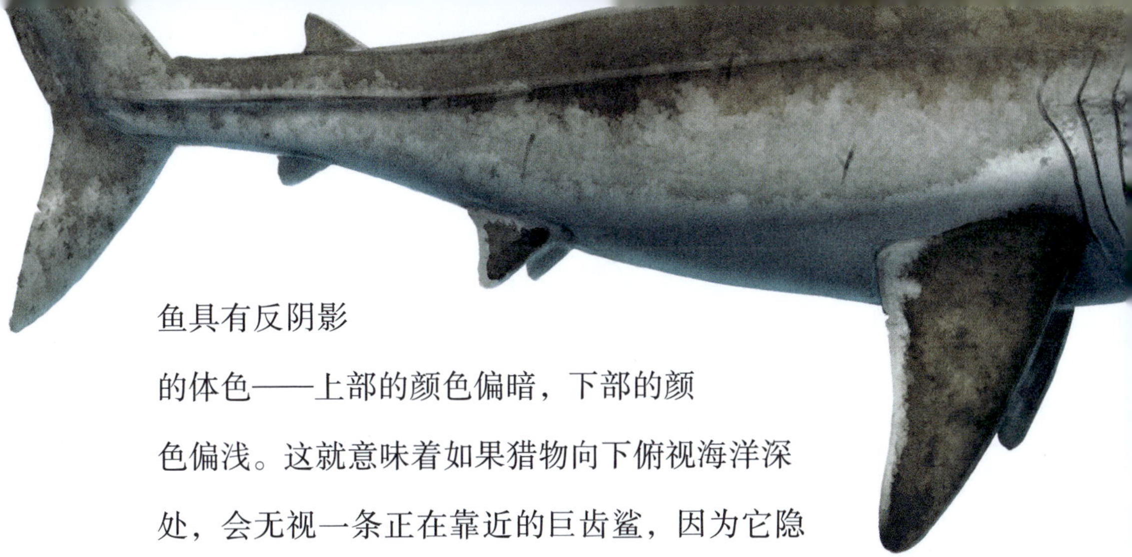

鱼具有反阴影的体色——上部的颜色偏暗，下部的颜色偏浅。这就意味着如果猎物向下俯视海洋深处，会无视一条正在靠近的巨齿鲨，因为它隐藏在暗沉的深水里。反之亦然，如果任何猎物向水面仰视，它很难从头顶上方的浅色天空中看到巨齿鲨的浅色腹部。

在展示了巨齿鲨创纪录的咬合力、对海洋哺乳动物的捕猎和极有可能的深浅搭配的体色之后，揭示这种超级巨鲨行为的下一步就是看它是如何游泳的，以及如果要追逐鲸鱼的话，它能游多快。科学家根据巨齿鲨的解剖信息，预计到它和大白鲨一样，有又大又宽的背鳍。鲨鱼的这种形状的鱼鳍使得它们不费吹灰之力就能在水中长时间巡航，还能在伏击猎物时突然发力，迅猛出击。所以巨齿鲨能够长时间或长距离游弋，背部的宽阔背鳍有助于在它快速游动时保持稳定，防止它在水里翻滚。这个完美的适应组合使得巨齿鲨可以沿着海岸线或在海

鲸鱼骨架的化石证据显示，巨齿鲨猛烈地撞击鲸鱼的身体侧面，对准它的胸部奋力咬下，以此来捕获鲸鱼。这使得鲸鱼严重受伤，大量失血，最终死亡。

洋栖息地之间优哉游哉，搜寻猎物，一旦瞄准猎物，便可加速攻击。和较小的大白鲨一样，巨齿鲨也会吃一些死去的动物，所以它既是腐食者，又是捕食者。

科学家通过比较其他大型海洋动物的游速，等比例放大各种现生鲨鱼的体型，预测巨齿鲨的平均游速约为 18 千米 / 小时。与之相比，大白鲨巡游时的平均速度为 8 千米 / 小时，但它也能以极慢的速度游动，大约仅为 2 千米 / 小时。大白鲨在攻击猎物时，通常从下方攻击其柔软的腹部，但巨齿鲨采取的捕猎方式有所不同，它更喜欢从下方猛烈撞击猎物的胸部，那些破碎的史前鲸鱼肋骨就是有力证据。巨齿鲨的牙齿可以咬断骨头，它设法瞄准猎物的心脏和肺。鲸鱼骨化石上的咬痕显示，当巨齿鲨遇到特别大的猎物时，会首先残忍地咬住它们的鳍或尾部，迫使它们慢下来，甚至无法反击。

关于巨齿鲨的繁殖尚有一些争论。有的科学家认为巨齿鲨在沿海的浅水育幼场直接分娩幼鲨，小小的鲨鱼宝宝在那里可以安全地躲过其他大型捕食者。

也有可能凶猛的巨齿鲨甚至在出生前就已经是一个捕食者了。和现在的一些鲨鱼一样，它们在肚子里就是食同类者，以它们自己的兄弟姐妹为食，任何未充分发育的卵都能给它们的生命提供最好的开端，使它们在不得不面对广袤的野性世界前，先尽可能地长大，并健壮起来。这些可能的育幼场能为幼鲨提供安全的隐蔽场所，在它们长大成为这个世界上前所未见的最大鲨鱼前，躲过暴风雨，并以滨海地区的猎物为食。

虽然巨齿鲨是有史以来最大的掠食性鲨鱼，但它并不是世界海洋中唯一的巨型捕食者。利维坦鲸是一种抹香鲸，虽然没有直接证据证明这两个物种曾经相遇过，但它们的确有机会相遇。它们相遇后会发生什么，仍然是一个谜。

# 术语表

## 藻类 Algae

一个很大的生物类群，它们不开花，生活在水生环境中。有的藻类非常小，不附着在任何其他东西上。有的比较大，附着生长，比如海藻，它是最广为人知的一类藻类。

## 解剖学 Anatomy

关注动物（包括人类）和其他活的生物体的身体结构的科学领域。

## 顶级捕食者 Apex predator

食物链顶端的捕食者。有时顶级捕食者会捕杀并猎食其他捕食者。

## 鲸须 Baleen

某些鲸类的上颚并不长有牙齿，取而代之的是角质的弹性物质，它们形成一排排平行薄板。长有这种鲸须板的鲸鱼被称为须鲸。

## 生物多样性 Biodiversity

在特定的栖息地或生态系统中，植物、真菌、动物和其他类型的生物体的多样性。一个健康的栖息地或生态系统通常有更高的生物多样性。

## 背鳍 Dorsal fin

海洋动物如许多种鱼类和鲸类的身体上部的鳍。

## 生态学 Ecology

生物学的一个特别的领域，关注生物与外在环境之间的关系。

## 生态系统 Ecosystem

生物体（动物、植物和其他主要类群）群落和它们的外在环境。

## 厄尔尼诺现象 El Niño

每隔若干年就会发生的海洋表层水温上升现象，尤其集中在太平洋的中部—东部赤道区域。

## 河口 Estuary

河流与海洋交汇之处的开阔部分。

## 欧亚大陆 Eurasia

地球上最大的大陆，由欧洲和亚洲合并形成。

## 灭绝 Extinction

如果一个物种或一类物种不再存在，就称为灭绝。如果仅有极少数个体还活着，但是它们无法繁殖，那么，这个物种或这类物种就被认为是功能性灭绝。

## 前肢 Forelimb

动物的身上靠前的那对肢体。比如人类的手臂、鲸鱼的鳍状前肢、狗的一对前腿。

## 植食性动物 Herbivore

以植物为食的动物。

## 杂交 Hybridisation

一个动物或植物与另一个物种或亚种的个体进行繁殖的过程。

## 无脊椎动物 Invertebrate

任何没有（并且永远也不会有）脊柱或脊椎骨的动物。

## 巨藻 Kelp

一类大型褐藻。巨藻具有坚硬的长柄，宽大扁平的叶片分裂为条状。巨藻是自然界里最大的藻类。

## 中新世 Miocene

2303 万年至 533.3 万年前的一段时期。

## 自然选择 Natural selection

演化发生的主要过程，具有更好适应环境能力的生物体就有更多的生存机会，因此就有更好的机会来产生更多的后代。

## 牛顿 Newtons

测量力的单位，牛顿是使 1000 克的质量产生 1 米 / 秒 $^{2}$ 的加速度所需的力。

## 北半球 Northern hemisphere

赤道以北的半个地球。

## 生物体 Organism

任何有生命的物体。一棵树是一个生物体，一条鲨鱼也是，一朵蘑菇也是。你也是一个生物体。

## 上新世 Pliocene

533.3 万年至 258 万年前的一段时期。

## 灵长类 Primate

包括类人猿、猴子、狐猴和它们的亲缘种的一类哺乳动物。这个类群的成员具有良好的视力，有五个手指，有指甲，还有一些其他共有特征。

## 地质构造的 Tectonic

与地壳结构及其内部发生的过程有关。

## 脊椎 Vertebrae

脊椎动物身体中发现的任何一种脊骨。

## 脊椎动物 Vertebrate

具有一连串脊椎骨或一条脊柱的任何动物，包括哺乳动物、鸟类、爬行动物、两栖动物和鱼类。